LIVING
WITH
GREEN

Living with Green

以綠意相伴的生活提案

把綠色植物融入日常過愜意生活

井上家的窗邊綠意盎然。散尾葵（窗台右側）與常春藤（桌子右側）等經典的觀葉植物，搭配講究的盆器，展現出好品味。

PART 1

LIVING WITH GREEN AND RELAX

綠意點綴的輕鬆自在風格

家中如果有植物，就會讓人心情愉快。
整體空間變得輕鬆自在，放眼望去，身體也跟著放鬆，得到療癒。
本單元造訪四間將綠色植物帶入室內的休閒風住宅，
為你找出舒適生活的祕密。

CASE 1 / INOUE'S HOUSE

男人味空間&綠色植物相呼應 成為令人放鬆的居家布置

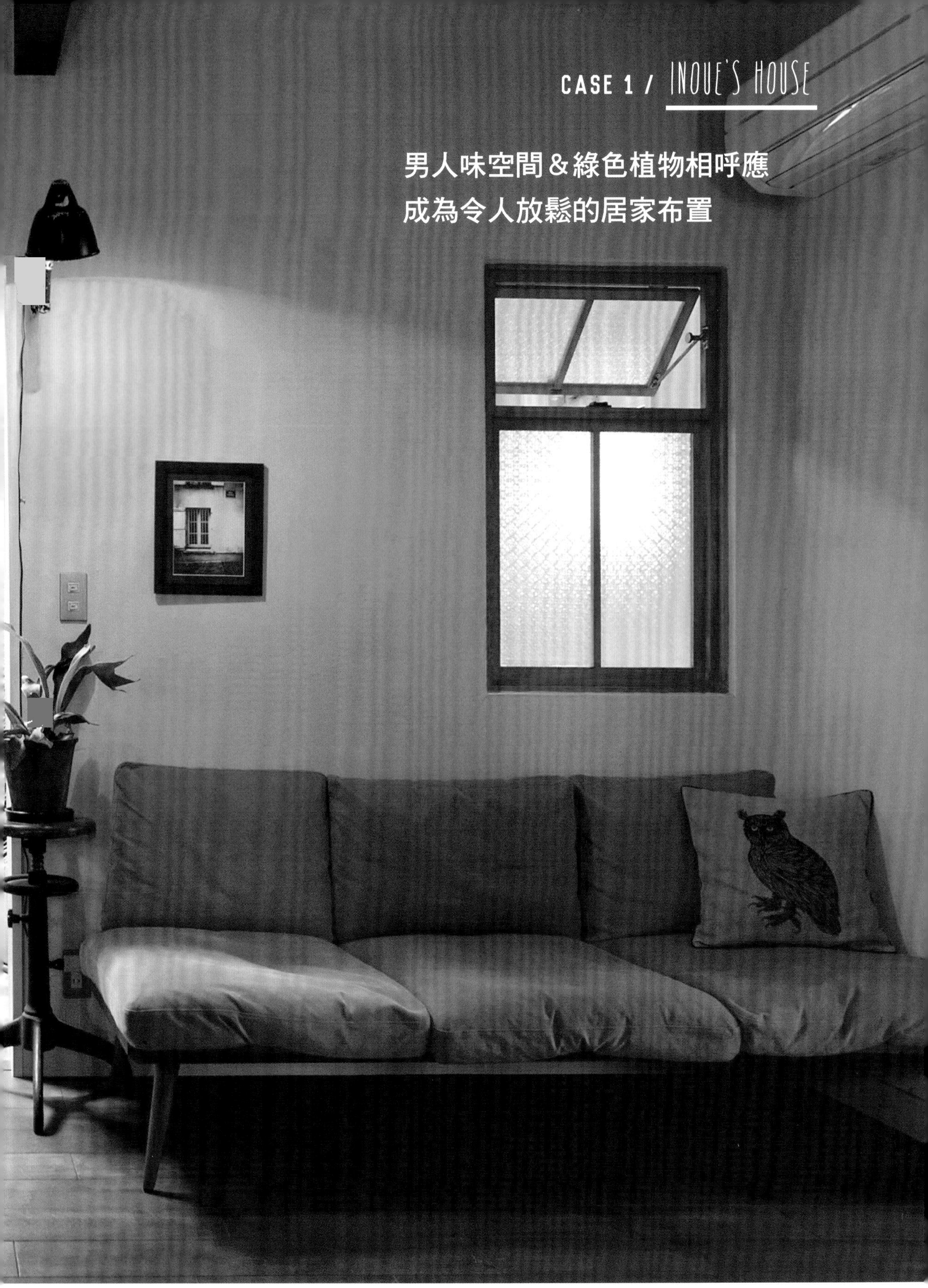

在連接LDK的玻璃屋擺放各種喜歡的盆栽，宛如美麗的園藝店。

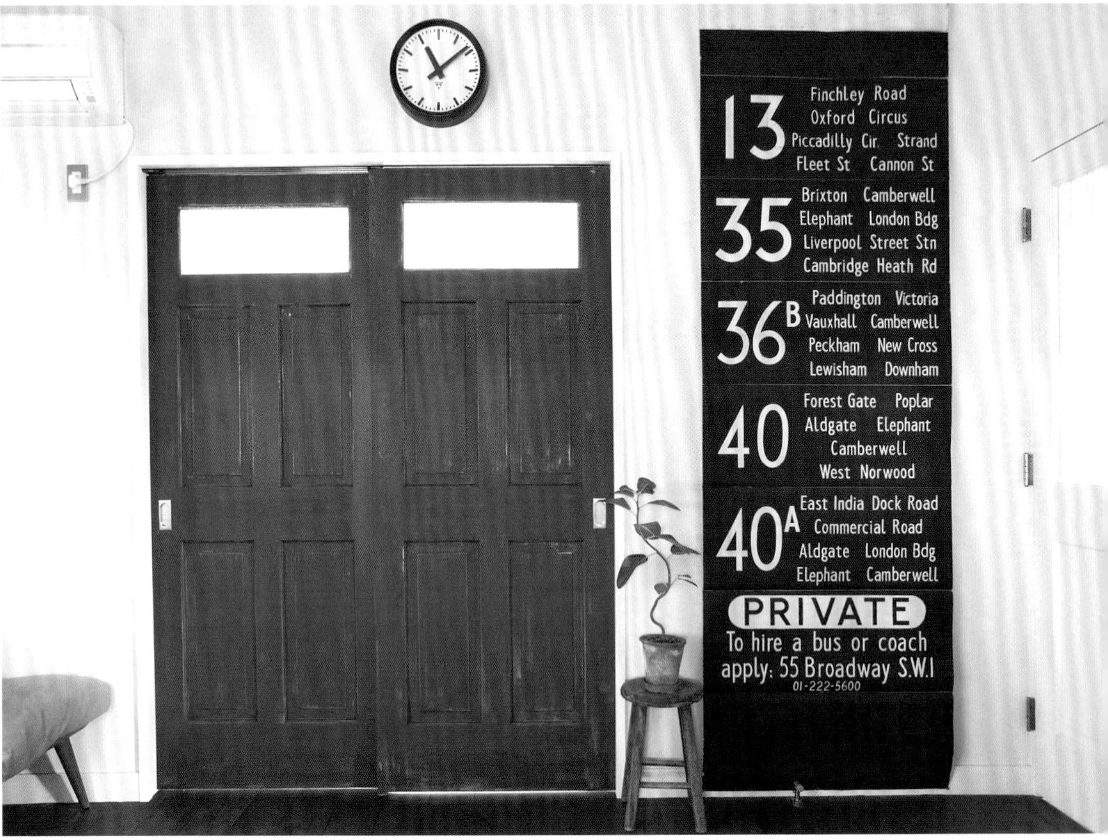

英國巴士使用的站牌與漆成黑色的大門，令人印象深刻。鏽葉榕如家飾般點綴其間。

INOUE'S HOUSE

鐵×黑×老件＋綠意 打造粗獷帥氣的居家布置！

1. DIY漆成黑色的老櫥櫃，一旁裝飾野生山蘇。2.井上也喜歡獨特的動物飾品。廚房窗邊低調擺放合植的花槽。3.加入黑色元素，讓植物有了成熟的表情。4.廚房層架上的闊葉武竹散發自然氛圍。5.角落裡放著井上的收藏品。

井上以自然基調的裝潢，搭配鐵件素材與舊得剛剛好的復古家具，展露男人味的居家布置。再使用大量的綠色植物，營造粗獷、休閒的空間氛圍。

「與其說是美麗，感覺更像叢林！」儘管井上這麼形容玻璃屋裡的植物。但運用葉片形狀的不同與特色作出高低錯落陳列，加上精選許多珍貴的植物品種，讓空間看起就像一家園藝店。一邊慢慢建立「統一使用偏黑色盆器」、「選擇蕨類等野生植物」等原則，一邊享受與室內植物相伴的生活。

1

2

PLANTS AND BLACK ARE GOOD LOOKING

3

4

5

自然的居家布置，點綴擺放
在地上的山蘇與玻璃櫃旁的
龍舌蘭等特色植物，成為井
上風格的空間。

右側窗台擺放百萬心（左）與銀葉馬蹄金（右）等珍貴品種。活用葉片的形狀與高低差，錯落陳列。

CASE 2 / N'S HOUSE

舒適的粗獷&愜意空間
自然吸引朋友聚集

垂榕（眼前的窗邊）、五彩千年木（右邊收納角落）、常春藤（最裡面的窗邊左側）等舒暢的沐浴在陽光下。

1

1.擺放休閒嗜好工具的角落。工作風的收納櫃是METALSISTEM商用鋼架。2.洞洞板上掛著收藏的帽子，像是帽子店的陳列。3.DULTON櫥櫃的上方擺放著衝浪用品小物，旁邊的鐵線蕨彷彿也在隨風搖曳。4.D.F.Service不鏽鋼廚房收納櫃。5.無印良品沙發的綠，和植物一樣都是空間的重點。

2

3

4

5

WITH GOOD COFFEE...
COZY AND YUMMY

1

2

3

4

1.開放式的客廳、餐廳、廚房連成一氣，中間擺放綠色植物，從不同位置都能飽覽綠意。2.3.午餐常吃的貝果三明治與拿鐵。4. N家的生活必需品──迪朗奇全自動義式濃縮咖啡機。

N'S HOUSE

略帶樸拙感的高級空間
裝飾讓人放鬆的綠色植物

「希望無隔間、少牆壁，就像體育館一樣簡單！」N夫婦運用天花板高度，打造看來格外開放的LDK，與垂榕、五彩千年木、常春藤等室內植物相互襯托。

「開放的設計，讓朋友們從陽台就可以直接進來了。」兩人笑著說。在這個自然吸引好友聚集的舒適空間，植物們似乎也樂在其中，實現了兩人理想中──「客人可以隨興打開冰箱」的自在居家。

男主人N笑稱自己「對旗艦級或商業用這類字眼沒有抵抗力。」以像是選物店的「展示型收納」、咖啡館的不鏽鋼櫃為主角的居家布置，完全就是「最高級」的演出。綠色植物也為調性稍硬的樸拙空間注入自然悠閒的氛圍。

純白牆壁的背景配上隨興插在瓶中的小手毬，很是吸睛。尚·普維（Jean Prouvé） 的EM Table和伊姆斯（Eames）的side shell chair搭配得宜。

CASE 3 / TAKIZAWA'S HOUSE

簡單恬靜的生活
有老件＆植物溫柔相伴

瀧澤夫婦分工合作經營生活選物店klala（www.klala.net）。

TAKIZAWA'S HOUSE

映入眼簾的都是自己喜歡的
色彩少、物品少，令人放鬆的空間

「基本上我們比較偏愛工業風製品，像是JIELDE或TOLIX等品牌。但如果只有這類物品，容易產生冰冷感，所以會再加入植物與亞麻柔和的元素。」一起經營生活選物店klala的瀧澤夫婦這樣說。

因為兩人平常的工作已被許多物品圍繞著，太太瀧澤綠的想法是，「住家最好和旅店一樣清爽簡單，這麼說雖然有點誇大，但我希望將生活中的用品盡量隱藏起來，看得到的都是自己喜歡、賞心悅目的物件。」

精挑細選的生活用具、兩人愛好的老件，再搭配植物與季節花卉，呈現令人完全放鬆的居家風格。

1.散發懷舊氣息的生活用品與生氣盎然的植物相互襯托。2.植物不集中擺放而是散居各處，可以營造輕鬆感。3.在擺放較多物品的地方裝飾花朵以轉移視線。4.巴黎生活雜貨店Merci的紙袋與圓葉尤加利，散發濃濃的巴黎味。5.純白牆壁將孟加拉榕襯得更出色。

1

2

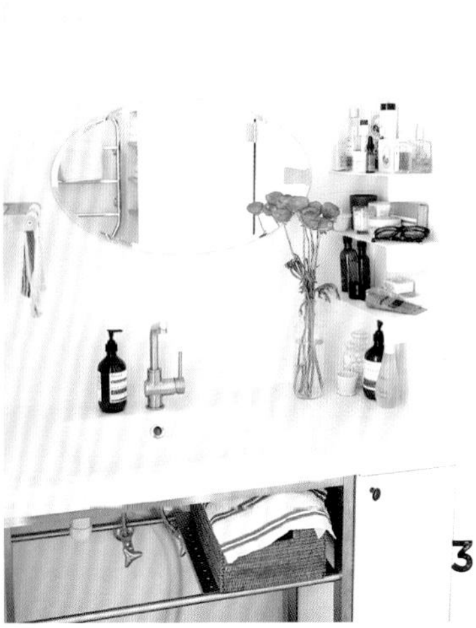

3

VINTAGE
AND
PLANTS
MAKES
COMFORTABLE
TIME

Le sac
en papier
Ce sac est fabriqué
à partir de papier recyclé.
100% naturel.
Double épaisseur 180g/m² :
kraft blanc doublé
de kraft brun.
Contenance : 33 litres.
100% Ecographik
Ne le jetez pas.
Il peut servir plusieurs fois.

4

5

丹麥的復古沙發及舊
木門，巴黎公寓風的
布置。

以減少色彩、留白不填滿等簡單原則，打造舒適空間。

露出鋼骨與管線的餐廳，利用天花板的高度懸吊植物。

CASE 4 / WATANABE'S HOUSE
以個性化植物
為簡約俐落的空間增添色彩

枝葉斜向伸展的密枝鵝掌柴，擺在重心低、寬敞的玄關剛剛好。

1.樓梯吊掛垂墜型植物。2.葉片像麋鹿角的鹿角蕨，因為有貯水葉，適合垂吊。3.與尤加利樹品種相近的肯氏蒲桃，為開闊的空間注入輕鬆感。4.彷彿咖啡館的餐廳裡，烹調用具與植物一起懸掛收放。5.角落的日品用也不經意的散發著美感。

1

2

3

ROUGH

AND

NATURAL...

GOOD

PLACE

4

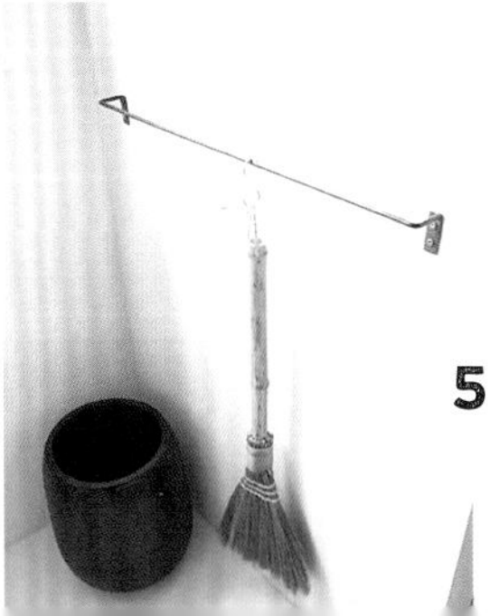

5

有著架高榻榻米地板的客廳，挑得極高的天花板與高大的肯氏蒲桃相互映照。

WATANABE'S HOUSE

採納園藝家飾店專家的建議
讓空間有型有款的植物提案

渡部的家，為太太娘家的房子所重新整修打造。拆掉天花板，露出鋼骨，房間也不用牆壁隔開，而是利用地板的高低差，和緩的區分空間。

在類似Loft風的挑高空間內，擺飾了肯氏蒲桃、鹿角蕨、密枝鵝掌柴等大小不一的室內植物，打造出輕鬆自在感。露出的鋼骨也用來懸吊植物。

採用裝修公司EIGH DESIGN旗下家飾與園藝店——HACHI KAGU的建議，選用與空間氛圍搭配的植物。借助專家之力，實現時尚綠意生活。

NATHAN & KATIE WILLIAMS

奈森＆凱蒂．威廉斯
《Kinfolk》雜誌總編輯

採納園藝家飾店專家的建議
讓空間有型有款的植物提案

散步途中看見野山楂（野生酸蘋果），請森林分贈一些給我們。

將剛採下的野山楂等與廚房的尾穗莧放在一起。

「這根枝條真好看！」奈森一邊津津有味看著平井插花，一邊閒聊。

PART 2

平井かずみ的海外採訪

波特蘭的 Love Green Life

美國奧勒岡州的最大城——波特蘭，
因「有機、在地、DIY」這些關鍵字而受到全球矚目。
花藝設計師平井かずみ，
在都會與自然和諧並存的街道上造訪了三處住家，
找出在老件與植物陪伴下創造好心情的祕訣。

在日本也十分受歡迎的生活風格雜誌《KINFOLK》創辦人——奈森＆凱蒂夫婦，住在佇立於森林的獨棟住宅。

以舊木材與舊繩索打造的層板、撿拾來的漂流木、跳蚤市場入手的家具……家中瀰漫與四周森林合為一體的舒適氛圍。

居家裝飾的植物幾乎都來自森林的恩賜。開心享受「森林之家」原本的風貌，同時也堅持自我風格的平靜優雅生活。

VISITOR

平井かずみ

花藝設計師。與先生一起經營位於東京自由之丘的咖啡店café ikanika ，以此為據點在日本各地開設花藝教室。她所設計「花草與空間、大自然連結」的生活提案很受歡迎。著有《手繞自然風花圈：野花・切花・乾燥花・果實・藤蔓》（噴泉文化館）等。

Green Life in Portland

植物靜靜依偎一旁的日常生活

家中日照最好的地方是廚房，在這裡用心擺設以感受季節與大自然。像是以舊的木材與繩索打造的層板、插在瓶中不斷向上生長的枝條，甚至是窗框上的鳥巢！

將撿拾來的樹枝橫吊在廚房，攀附藤蔓或裝飾花朵，植物和諧的與空間融合。

餐具幾乎是白色或灰色，劍蘭為低彩度的廚房增添色彩。

「我覺得奈森與凱蒂的花藝風格跟我很接近。」平井說。

花卉與植物並不是特別的存在，而是和生活用具一起自然的擺放。平井對於這樣的植物擺設產生了共鳴。

凱蒂覺得客房的枕邊缺少不了帶著微微香氣的植物，「對任何人來說，懷念又舒緩心情的植物香氣，具有像是回到自己家裡的放鬆效果。」植物也可以當作款待客人的道具。

客房的窗外是遼闊美麗的森林，訪客可飽嘗「森林之家」自在的氛圍。

客房枕邊的植物，傳達出凱蒂真誠款待的心意。

左上／將小物鋪滿在裝了果實的缽碗裡。
右上／玻璃瓶中的葉牡丹在窗邊曬太陽。
下／隨意堆放的書本也成了居家裝飾，並在一旁隨興擺盆植物。平井說：「將植物自然融入日常生活，感覺真好！」

客廳插著一大把從附近森林採來的煙霧樹。

1.廚房層架陳列世界各地作家的食器作品，有不少是出自日本作家之手。2.浴室也有許多植物。陽光從高處的窗戶灑進來，植物們似乎也開心享受著。3.小小的綠意就能營造輕鬆氣氛。4.在水果和廚房用具之間隨興擺飾植物。略有瑕疵而無法成為作品的，就當作日常盆器使用。

LILITH ROCKETT

莉莉絲・洛科特
陶藝家

以略有瑕疵的自製陶器 栽種植物＆庭園花卉

美國陶藝家莉莉絲六年前從洛杉磯搬到波特蘭，和先生一起將廢墟般的房子改造成自由、嶄新的面貌，廚房旁就放了一個浴缸。「對於喜好美食與泡澡的我們來說，這是再平常不過的。」望著莉莉絲笑著說話的樣子，平井覺得開了眼界。

相形之下，莉莉絲的作品卻十分簡約。多肉植物和空氣鳳梨等特色植物就種在自己作的陶器裡，點綴生活。

DAYNA McERLEAN

蒂娜・麥克林
旅館&餐廳經營者

伴隨家族故事的植物擺飾

以活絡波特蘭社區為宗旨，經營數間店鋪與旅館的蒂娜，住在她所經營的餐廳二樓，「這裡曾經是九人大家族一起生活的家」。一如蒂娜重視與家人間的連結，有許多裝飾物件、器皿，都是家族留下的。

平井帶來的伴手禮——繡球花，就插在蒂娜曾祖母愛用的玻璃水壺內。生活中處處流露著對家族的愛與故事。

1.巧妙結合木材與石材的簡約廚房，與季節花卉相呼應。2.層板上陳列家族留下的物品與植物。平井覺得，「有著民族風色彩的壺與馬口鐵的組合是有趣的創意。」3.盥洗室的牆面。藝術品與空氣 梨搭配，猶如一幅拼貼畫。4.平井正在將伴手禮——繡球花插入瓶中。

平井かずみ的

Love Green in Portland

除了夏天之外，氣候多雨的波特蘭，植物與樹木生長良好，花卉或葉片顏色也十分美麗，整座城市隨處可見植物的蹤跡。走訪咖啡館與店鋪的平井，分享了她在街頭散步時遇見的美麗植物畫面。

攀爬於藍色牆壁的藤蔓很是吸睛。不只散發涼意，還能阻隔夏日的強烈陽光，讓室內保持涼爽，兼具環保。

The Colony，是介紹自宅讓我們認識的蒂娜所經營的旅館。親手布置的復古選物店運用了多肉植物等，很值得參考。

波特蘭最美麗的食材雜貨店WOODSMAN MARKET，店頭正在販售蔬菜與花苗。

住宅區街道的圓環，種植季節花草。到了玫瑰綻放的時節或許會很美麗吧！

The Meadow是販賣花卉、巧克力與海鹽的店鋪，花卉種類是我喜歡的，如果在我家附近應該會經常光顧。

漫步在住宅區的街道上，高大的路樹叫人吃驚，葉片的顏色真的好美。

在Alberta地區發現一間很棒的園藝店thicket，種植豐富的香草植物和果樹，如果是在我家附近就太好了。

植物陳列很有參考性的咖啡廳din din，據說每個月都會更換陳列方式。

LOWELL的店內樣貌，不拘泥固有形式的花藝令人讚嘆，聽說是出自店主夫婦之手。

被店頭鮮豔可愛的花草容器吸引而走進LOWELL，店內販售世界各地的古老民藝品及當地作家的陶藝與織物等。

PART 3

LIVING WITH GREEN AND FAVORITE

以植物&喜愛的物品布置我的家

植物與切花不只有療癒效果，也是室內布置不可或缺的元素。本單元造訪19間以自己喜愛的居家裝潢與生活風格為主角，並將綠意帶進生活的住宅。

白牆搭配天空藍流理台，這是Erica的清爽廚房。喜愛的食器與植物帶來好心情。

舒適通風
又有愛用品圍繞著

ERICA'S HOUSE

窗外的樹木、窗邊的植物、從庭院採來的花朵，將廚房點綴得清爽又可愛。

在舊金山灣區與紐約開設四家直營店的時尚設計師Erica，與先生及兩個孩子居住的獨棟住宅坐落於可俯瞰舊金山灣的柏克萊上好地段，每個房間都感受陽光與風，往外望去就是金門大橋，令人稱羨。

除了景色之外，凝聚Erica品味的居家布置，也讓家住起來更舒服。陳列的物品，有些有故事；有些則是蘊含深度的二手品，再加上隨處擺放的植物，形塑出充滿愛的風景。

不過度精細或執著於形式，是Erica植物擺飾的風格。她笑說：「就是每次到喜歡的園藝店尋寶，找找看有什麼可以用上的。」不特別費力的感覺，正是開心自在的祕訣。

1.三面圍繞的大窗可以看見庭院的植物，像是觀景窗一樣。2.張貼在工作場所牆面的意象看板，孩子們可愛的訊息也夾雜在其中。

3.光線明亮的窗邊放著檸檬馬鞭草（右）和翡翠木（左）。不耐寒的檸檬馬鞭草，冬天要置於日照良好的窗邊。4.生活中不經意的景物也變成美麗的畫。5.單枝繡球花插在簡單的容器裡，襯托出花瓶和家飾品的藝術感。

蘊含家族回憶
的物品散見家中

2

1

3

4

5

1.陳列在日式衣櫃上的東方味小盒子，是先生及朋友知道Erica喜歡而送她的禮物。裡面放了首飾，一旁則稍稍點綴單枝繡球花以舒緩心情。2.靜謐的花朵、姿態美麗的枝條與散發中國風的壁紙令人印象深刻。3.飄散檀香的玄關。小斗櫃上插著野山楂。4.Erica的工作室，隨意插在瓶中的單根枝條不減美麗。5.讓人聯想到酒吧與酒的收藏品角落。

玄關附近擺放軟樹蕨（右前的黃綠色蕨類）和吊鐘花（右後）等植物。「不執著於形式，就是我的風格。」

隨時感受家人的
溫暖＆刻劃的歷史

SANDRINE'S HOUSE

皮革、布、籐、EAMES玻璃纖維椅。不同材質與風格的椅子全都是祖父母留下來的。

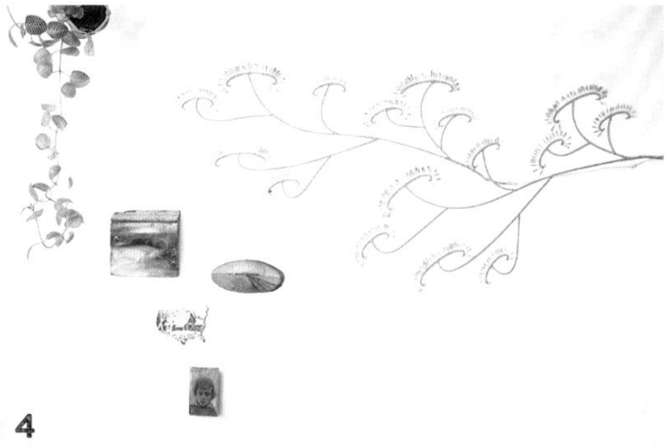

1.窗外的風景。2.放在客廳邊界工作空間桌上的是彩葉草（左起）、紫葉酢漿草、松風等，像個小花園。3.客廳一角擺著有故事與歷史的物品。4.白牆上藤蔓造型的Tsé & Tsé associées照明，彷彿正在和天花板垂下的如意蔓開心的對話。

Sandrine位於巴黎東端的住家，之前是工廠的一部分，她與先生共同構思平面圖，打造兩人理想的居住空間。

經營雜貨網路商店的Sandrine，對於居家布置的用品也有不同的堅持。其中具有特殊意義的是「刻劃家族歷史的物品」和「光是擺在那裡，令人懷念的時光就會甦醒過來的魔法之物。」像是爺爺常坐的椅子、從小就開始用的櫃子等。

愛好木頭質感的Sandrine，以植物來搭配木頭的溫潤，為室內注入鮮活生氣。

木頭的溫潤伴隨植物的生氣

廚房就是Sandrine喜歡的木頭質感風格，以植物作點綴。

1

2

3

4

1.2.牆壁與抽油煙機等都是白的，以突顯植物的清涼感。3.「因為喜歡木頭，對木製砧板也愛不釋手」，不同形狀的砧板像展示品般陳列著。Sandrine所經營的網路商店——Neëst（neest.fr）販售許多日本食器。4.大片的鏡子是祖父母留下的。在懷舊風角落擺上一盆穩重的琴葉榕再適合不過了。

#003

& 色彩繽紛

自由填入
兩人喜好的
LOVE & PEACE空間

UMEMURA'S HOUSE

快要觸及天花板的粗葉榕，為餐廳注入輕鬆感。

3

4

1.取名田園的地毯是客廳的焦點之一，「我喜歡有天空、稻子、泥土印象的故事。」 2.廁所的牆壁漆成會聯想到草原的綠色。將擺飾的植物當大樹，旁邊陳列史萊奇動物模型。3.多肉植物觀音蓮的形狀很讓人喜歡。4.HALO沙發是客廳的主角。自天花板垂下的垂枝綠珊瑚宛如家飾品。

走入色彩繽紛、散發普普風的梅村家，不自覺的湧現興奮感。「我不擅長應對冰冷感的黑白色調，等到察覺時，家裡已經聚集了許多色彩鮮明的東西（笑）。」

在這麼歡樂的空間內，擺放了存在感強烈的粗葉榕，及多肉植物觀音蓮與垂墜狀的垂枝綠珊瑚等，稍特別的品種，就像出色的家飾品。梅村家的風格是「不管是居家裝潢或布置，都沒有特別的規則。」但夫妻兩人會很努力搜尋，直到發現心儀的物品為止。兩人心中的理想住家是呈現混雜之美，而不是像樣品屋一樣缺少生活感。「我從以前就一直思考，要怎麼樣才能作到心中的模樣，後來發現，只要屋內的東西都是自己喜歡的，就算再多，住起來還是開心舒適！」

不循減法，也不訂規則，
盡情享受生活感！

HAYAMI'S HOUSE

速水夫婦在北歐風的居家布置店NORIDCO工作。「雖然在店裡會談論『減法的重要性』，自己的家卻隨心所欲的『裝滿』。」速水太太MADOKA笑著說。因為家是生活的工具，兩人並不刻意隱藏生活感，抱著順其自然的態度面對喜歡的事物，享受生活。

從家中隨處擺放的植物或切花，就可以感受速水夫婦「不過度用力」的風格。

男主人喜歡北歐及美國；女主人偏愛法國，共同的愛好是二手及懷舊物品。雖然品味不盡相同，但速水夫婦運用「整合品味相近的物品」、「以色彩串連」等工作上的技巧，打造出良好平衡的時尚空間。

Tsé & Tsé associées的花器中插上玫瑰花，成為空間陳列的主角。

1.在壁爐上方放面鏡子，營造巴黎公寓的感覺。2.將茶色磚頭漆成白色的牆面，散發復古情懷，再裝飾兩人喜歡的藝術品。3.瓶中插著爬牆虎，雖然只有一小株，卻讓角落生氣盎然。4.餐廳的牆壁漆成灰色，增添洗練的氛圍。5.以歐美參考書中看到的場景為範本，在北歐復古風家具的上方DIY裝上層板。

#005

& 布料

以北歐家飾布料&植物
演繹大人の色

MICHIDA'S HOUSE

IKEA購買的紅色餐櫃上方陳列百鶴草（右）與黃金葛（左）。牆上掛著Marimekko復古風布料的布藝板。

1.客廳淺藍色牆壁上掛著藍綠色調的布藝板，很是吸睛。前面書架擺放了龜背芋與菱葉白粉藤，與布藝板中的綠色相呼應。2.桌上的花是天鵝絨。3.工作室牆上是白樺與竹子圖案的掛毯。4.將充滿回憶的照片裱框，在床頭打造照片牆。

瑞典藉建築師湯姆士和經營生活選物店oppislabo的聖子。兩人的「夏日小屋風」住家是由湯姆士所親自設計，大量的陽光與綠意自窗戶灑入，處處顯得明亮又清爽。北歐設計的家具與布料，加上點綴室內植物，居家四處洋溢著北歐風。

聖子在造訪湯姆士出生長大的瑞典後，被家飾布深深吸引──「為了開朗的在家度過漫長的冬天，家飾布的色彩或圖案都非常豐富。適當運用復古與新品布料，布置整體居家。」

室內植物與新鮮花卉，又將北歐布料襯托得更出色。北歐布料原本就有許多植物圖案，搭配起來既對味又能突顯彼此的特色。

#006

& 三色彩

為減少用色的寧靜空間 灌注生命力的植物們

UENO'S HOUSE

移居紐約布魯克林區的專欄作家暨室內布置師——上野朝子，住在公園坡130年以上的建築內。公園坡是布魯克林區中，景觀十分美麗的地段。

「古老建築雖然有著獨特的氛圍，但缺點是收納空間小。」喜好簡約清爽風格的上野這樣說。「希望保留原本的氛圍，又想要擁有清爽與便利的生活空間，我在家具尺寸、色彩、形狀以及擺放位置等作了許多嘗試後，好不容易才有了現在的樣子。」

色彩的選擇是關鍵之一，統一成米褐、灰、黑三色，打造簡潔空間，再裝飾植物與季節花卉，完成寧靜中帶著輕鬆感的居家布置。

[illegible]兩[illegible]的[illegible]發[illegible]設[illegible]抽[illegible]櫃[illegible]的[illegible]品[illegible]一成白色。就連裝飾的植物也是白色風信子。

1. 客餐廳的凸窗景致令人印象深刻。基本色的擺飾，藉由琴葉榕（窗邊左側）、鹿角蕨（電暖爐上）等富有表情的植物憑添風味，粉紅色的芍藥更讓空間洋溢生氣。2. 臥房的桌子也擺了芍藥。3. 隨意擺放的一根枝條也成了裝飾。4. 客廳壁爐上方的裝飾，以同色系的小物展現懷舊風，再擺上一小盆植物。5. 浴室也裝飾植物。

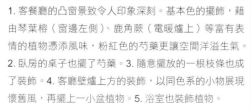

資源回收店購買的展示櫃用來陳列育兒用品，孟加拉榕也在一旁溫柔守護。

日常愛用物品當擺飾
成為居家布置的一部分

YAMAUCHI'S HOUSE

山內家飄浮著懷舊又柔和的氛圍，映入眼簾的有許多都是日常的愛用品，像是掃帚、茶壺、牙刷與漱口杯等。

「裝飾品的主題是『馬上就能用』（笑）！」正如山內所說的，簡樸的生活用具，自然的與室內裝潢融為一體。

靜靜佇立在日用品旁邊的細葉榕、圓葉椒草、爬牆虎、洋合歡等，分別種在可愛的罐子、別具特色的盆器，甚至將鋁桶或空瓶的外觀包覆報紙，即成了家飾雜貨。

二手展示櫃是客餐廳的主角，用來收納孩子的玩具與照護用品，也兼具裝飾效果。統一成天然的素材與顏色，整齊排放，和店鋪商品陳列一樣好看。

率性插上兩朵芍藥，旁邊再稍加一朵繡球花。

1. 走廊角落是具清涼感的洋合歡。2. 和盥洗室的牙刷與化妝品放在一起的圓葉椒草，種在罐子裡，和緊挨一旁的老時鐘很搭。3. 客餐廳的展示櫃。以小巧的容器收納棉花棒等育兒用品，再點綴繡球花，多了幾分可愛感。4. 老式玩具與馬賽克磁磚的懷舊角落，罐子裡種的是爬牆虎。5. 細葉榕為客廳窗邊增添些許色彩。

以最愛的植物當主角！好像來到法國的植物園

K'S HOUSE

法國舊木門帶出植物園般的氛圍。

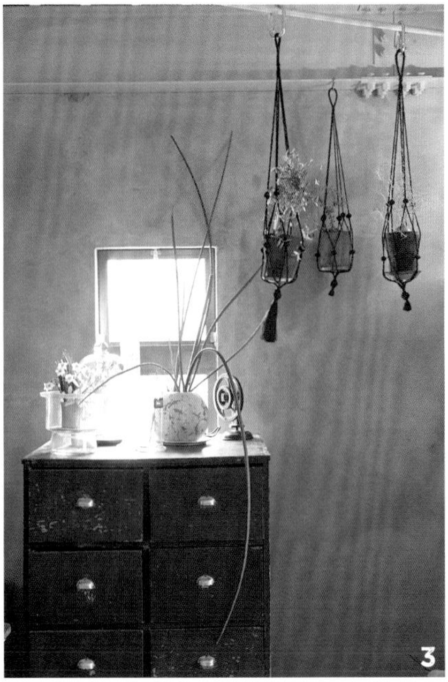

1. 將水耕栽種用剩的地瓜和蘿蔔等蔬菜，點綴於廚房。「不是種來吃，是用來觀賞的（笑）！」2. 裝飾在摩登廚房的季節性花卉。3. 裸露的水泥、工業風櫃子、取代花瓶的燒杯等樸拙背景，搭配特色植物，呈現藝術感。4. 統一盆器、鐵和石頭的素材感。5. 法國郵局所使用的分類櫃，現在用來陳列書、小物及植物。

將面對大片窗戶、日照良好的位置打造成植物區，K家散發著法國植物園般的氛圍。

讀小學時體會到栽種植物的樂趣，從此對植物深深著迷，有幾盆還是當時就持續養到現在的。

對植物情有獨鍾的K，居家裝潢的主角當然也非植物莫屬。「我也喜歡鐵與石頭的質感，還有歐洲的老件，這些東西正巧和植物很合拍。等回過神來，發現已經變成法國植物園，還是植物博士的研究所之類的（笑）。」

《WONDERFUL PLANTS BOOK 2》是K喜歡的讀物，「這本書介紹許多比較特別又適合室內裝飾的美麗植物，很有參考價值！」想要開始栽種室內植物的人，請務必閱讀看看。

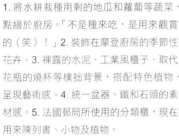

#009

& 家族的回憶

不做作的擺設受損或稍有缺陷的物品低調點綴植物

ANDO'S HOUSE

居家擺設幾乎都是老件，餐廳是最精彩的空間。

1

2

3

4

1. 令人聯想到舊倉庫樸拙的一角，點綴著紫色繡球花。有著些微差異的繡球花色彩串起背景的牆壁與櫃子，耐人尋味。2. 客廳凸窗的六倍利與圓葉尤加利合植盆栽，是和孩子一起試種的。復古容器內的是蘆薈。3. 水泥牆面與陳列的老件，成就樸拙又有型的餐廳。4. 隨意插在瓶中的馬醉木，與摻雜擺放的小物很合拍。

位於東京中目黑的復古選物店JANTIQUES，由安藤夫婦所經營，先生負責採購、太太擔任銷售。而運用極佳的品味搭配質樸家具與生活雜貨的住家，如果是造訪過店裡的人就會了然於心。獨具特色、充滿令人雀躍的元素，很難想像是大樓住宅。

「其實我並不擅長裝飾這件事。如果過分在意反而會變得不自然，所以就只是將必要的場所或物品，配置在適合的位置而已。」安藤太太這麼說。

擺放雜貨的地方隨意在瓶中插上馬醉木的枝葉；在斑駁的石壁前擺上一盆漸層色的紫色繡球花；復古容器中的植物，當成生活雜貨來裝飾窗邊等，植物們也舒適的待在安藤太太所說的「適合的位置」。

#010

& 三色彩

講究枝條的姿態&葉子的表情
為簡約空間營造閒適感

MATSUE'S HOUSE

「正因為是白襯衫與牛仔褲，才更要講究材質與剪裁，我認為住家也是一樣。」無垢木地板搭配漆成白色的牆壁。活用素材質感的清爽空間，讓松江家就像穿起來很舒適的服裝。

琴葉榕與馬拉巴栗等枝條姿態與葉片形狀美麗的植物等，如同有質感的飾品，將細緻的空間襯托得更加出色，同時也注入輕鬆氣氛，緩和極簡房子常有的生硬感。

日用品與掃除用具收進櫃子裡，紙筆等也是用完就順手收起來。「這麼作就覺得心情很好」，自然而然的養成習慣。

生活方式也和居家布置一樣，以「開心」為第一優先，有著簡單閒適的日常。

兩人婚前就很喜歡
TRUCK的FK沙發，
現在是客廳的主角。

1

4

2

3

5

1. 收納用具也擺得像一幅畫。2. 木製檯面與鐵製櫃門，廚房設備看似家具一般。3. 陽台庭園種植迷迭香、小番茄等香草與蔬菜。布製盆器是松江工作相關的園藝用品品牌 mondoverdel 的商品。4. 挑戰天花板高度的馬拉巴栗。「講究的枝幹線條，與地板融合的盆器外罩，呈現簡潔感。」5. 裝飾於直線空間的琴葉榕，開闊的姿態讓人放鬆。松江家主要的植物來自神戶的 GREEN GUERRILLA dcpot。

有溫度的民藝品＆粗獷的工業系
再綴以植物裝飾

I'S HOUSE

1.DEMODE 9 的立燈與置於地板的藝術品，是比較現代感的一角。2. 在工業風的工作室點綴以五彩千年木，散發乾爽的空間氛圍。3. 窗外是人氣公園，整個綠意盎然。因為喜歡這個區段，才委託 RYO ASO DESIGN OFFICE 重新裝潢這間中古屋。4. 陽光充足的窗邊，中間是姬吹上，右邊是合植的香草植物，還有喜愛的珊瑚裝飾。

「我喜歡巧妙融入生活感，帶點粗獷，不要太精緻的氛圍。」I氏夫婦居住的公寓以工作風的不鏽鋼製品搭配英國老餐桌，打造出混合歐洲沉靜氣氛與西海岸乾爽空氣的舒適空間。

舉目可見的花卉與多肉植物、猶如藝術品的齒緣吊鐘花枝條，為稍冷硬的室內布置注入輕鬆與清涼感，提升居住的舒適度。

旅行時發現的喜愛小物，讓居家布置更有兩人共同的味道。土耳其的薄地毯（Kilim）、美國跳蚤市場的民藝品、歐洲各地的雪花玻璃球等，說得出故事的物品，溫柔守護兩人的生活。

居家擺設幾乎都是老
件，餐廳是最精彩的空
間。

#012
& 工業風

樸拙中帶著溫暖
溢滿柔和空氣感的場所

YAMASHITA'S HOUSE

1. 將舊木箱當書架，隨興的裝飾薰衣草；煙霧樹乾燥花也變成裝飾品。2. 陽台擺放滿滿的植物，像個小花園。3. 廚房的藍莓種在盆中或切枝插在瓶內。因為耐陰，結果實的一至兩週可擺在室內觀賞。4. 客廳的長板凳旁擺放肯氏蒲桃，「感覺像置身戶外！」5. 鐵製鞋架點綴一株常春藤。

一邊工作一邊以nanuk之名製作皮革小物的山下夫婦，活用隔間窗和工業風物件，打造咖啡館般的時尚住家。

復古家具與粗獷的照明營造的樸拙氛圍，再加入一點點可愛感的家飾品，形成平衡感。隨處裝飾擺放的室內植物或果樹，增添柔和的空氣感。

山下受工業風老件吸引的契機，來自一只剪刀燈（固定於牆上的可伸縮照明），「注重功能性、無多餘設計，我覺得很酷！」山下先生這麼說。一些五金、零件也堅持在美國或法國的拍賣網站購買。

「為了避免都是工業風物件而產生冰冷感，於是點綴植物或動物飾品，營造溫暖、放鬆的空間。」

擺放在男孩風客廳的孟
加拉榕，帶來清涼感。

垂吊或陳列綠色植物
讓自己作的家具更顯出色

FUNAI'S HOUSE

採開放式收納的美麗廚房，懸掛著白粉藤。

擅長DIY的船井，活用這項本事，打造好質感的居家空間。不論是客廳的抽屜式茶几、木頭拼接收納櫃，或工作角落的長板凳，全都出自船井之手。另外也依需求將之前使用的家具進行改造或油漆等，自由揮灑創意，享受布置的樂趣。

「因為找不到想要的款式或尺寸，於是就自己動手製作或改造（笑）。」

以自製家具布置的房間，因為各種植物，色彩變得更豐富。組合小盆栽當成生活雜貨，大型植栽是房間的主角。有的垂吊起來營造放鬆感，獨特的就陳列成裝飾擺件。適材適所的配置方式，讓空間有了生動的表情。

1. 漆成藍色的工作桌與垂吊的爬牆虎，使空間更具自然風。2. 盥洗室的陳列收納架。毛巾和棉花等放在這裡也兼裝飾。再點綴以一小盆綠色植物。3. 幾乎要頂到天花板的愛心榕是客廳的主角。4. 廚房收納櫃裡的小型植栽（常春藤與銀葉馬蹄金的合植）帶來輕鬆感。5. 木頭拼接櫃上的武竹猶如家飾品般。

嚮往庭園生活，以室內植物打造療癒空間

KOBARI'S HOUSE

熱愛栽種植物的建築師小針說：「無論如何都想在東京都內有庭院的房子生活。」於是買下附設寬大專用庭院的中古公寓，自己設計，重新裝潢。「屋內屋外綠意環繞是我的夢想。庭院還沒整理好，就先享受在家中布置植物的樂趣吧！」

以吊籃將植物懸掛在直達天花板的舊木條與廚房的木樑上，櫃子與地板也擺放許多盆栽，充分享受綠意生活。

小針對於老件家具與雜貨的熱愛程度，可與植物比擬。在不同濃淡的綠意與別有風味的老件家具所醞釀的氛圍之下得到療癒，輕鬆閒適到令人想要一直放鬆下去。

掛在樑上的金屬鳥籠與白粉藤吊盆，散發東方風情，令人得到療癒。2.羽裂蔓綠絨搭配松果飾品，展現自然風。3.一直在尋找上漆的老件家具，終於尋獲這只餐櫃。以濃濃法國味、色彩鮮豔的切花與盆花作點綴。4.窗邊和煦的陽光環抱著愛心榕（左）與羽裂蔓綠絨（右）。5.老件家具旁擺放具存在感的亞里垂榕。

1

2

3

4

5

宛如有樹蔭的圖書館
學院風的綠色生活

HONMA AND TAKAHASHI'S HOUSE

1

2

3

4

5

1.廚房陳列與飲食有關的書。2.將光線最好的位置留給植物。3.另一座主要的書櫃是TRUCK的木書櫃，前面的桌子可以工作或書寫。4.在陳列法國哲學書的架上裝飾「philosophy」的字樣。5. 窗邊像個小型植物園！有三色堇天竺葵、銀葉馬蹄金、細葉榕與綠玉樹等特色植物，彷彿是用來遮住不太想被看見的書本。

在大學教哲學的本間與高橋，兩人的住家除了植物外，另一個無法忽視的主角是書本。重新整修這間中古公寓，「希望家裡到處都有書，隨時都能拿本書待在喜歡的地方閱讀。」

4LDK、90m²大的空間全部打通，在兩處設置大書櫃，其中一座是看似嵌入牆壁內的設計，即使擺上許多書也不會有壓迫感，「就像在國外家庭看到的書櫃。」

在圖書館般的空間裡，生長茂盛的洋合歡，存在感不亞於大量書本。高橋坐在像落地生根的大樹樹蔭下看書，再愜意不過！屋外的空氣直接吹進屋內，好不舒適。

大書櫃。枝條千姿百態
的洋合歡長成像樹木一
般。

營造放鬆空間的祕訣是調味部分約占二至三成

DEKI'S HOUSE

客廳角落的白斑鵝掌藤。

改建百年歷史的長屋，獲贈於此開設carbon選物店的店主——DEKI SHINOBU，其住家的風格不但具中性色彩也帶著輕鬆感，一走進去，整個人便不自覺的放鬆。

雖然是有專用草皮庭院的新建公寓，但因為「對於嶄新的海島型木地板、帶光澤感的室內門、有吊櫃的廚房等許多地方感到在意。」遂將室內改裝成自然風。簡約家具搭配適宜的植物，成就出色的住宅空間。

為了讓怡人的陽光能進到每個房間，在隔間與建材下了點功夫。地板採用寬版的橡木、到處是和家具一樣散發風味的舊木料裝飾。「作了開放式層架與室內窗，增添自我風格。」調味的部分約拿捏在二至三成，這就是讓空間有輕鬆感的祕訣吧！

1 2

3 4

1.4.輕巧點綴餐廳角落的多肉植物——虹之玉。2.面對走道的開放式層架，是可以接收柔和自然光的絕佳位置，其中陳列的都是自己喜愛的物品。3.夏威夷娃娃搭配南洋植物一水筆仔，洋溢阿囉哈風情。

參考喜歡的咖啡館
打造完全放鬆的空間

NAITO'S HOUSE

1.2.吧台的窗框各插一株伯利恆之星（右）與陸蓮（左）。一旁的盆栽是百萬心。「與其擺放太多的花與植物，低調且少量反而能營造溫馨、輕鬆的氣氛。」3.個性單椅與立燈，搭配枝條任性彎曲的琴葉榕（右）與碧雷鼓（左），化身裝家飾擺件。4.爬牆虎放進馬口鐵罐當壁飾。

在窗邊設置吧台桌和書架的內藤家，就像一間雅緻的咖啡書店。「吧台是為了重現喜歡的一間咖啡館的氛圍。其實，就因為很喜歡那間店的氣氛，索性請店家介紹為他們裝潢的業者幫我整修。」

活用36年屋齡公寓的懷舊感，藉由粗獷的木地板和散發古樸氣息的櫃子等增添風味，打造出咖啡店般讓人放鬆的室內空間。

美麗的切花與特色植物，讓家更有咖啡館的味道。吧台前的窗框、窗邊的書櫃都有綠意點綴。特別是牆壁也掛著以鋁罐作盆器的植物，當成裝飾擺件。

這些自由開心的植物擺飾，出自在花店工作的內藤太太之手，包含了許多值得參考的創意。

（上起）薜荔與到手香，放在日照良好的書櫃。

#018

& GARDEN

即使沒有庭院，在家一樣能充分享受花園生活！

FUJII'S HOUSE

（左起）橄欖、蕾絲薰衣草、繡球花、澳洲銀葉玄參、肯特奧勒岡、日本藍盆花、鈕釦藤、小手毬。

藤井家是由販賣大阪燒的獨棟舊建築整修而成，買進的關鍵在於屋頂的正方形外觀。全棟重新漆成白色、裝上舊木門、二樓窗邊擺放花箱，搖身一變成為巴黎公寓風格住宅。

二樓的花箱種植大量好養的英國常春藤，由窗戶向下垂墜，一樓往來的行人也常覺得賞心悅目。

因為相當於庭院的部分鋪上水泥，所以增設可以養花蒔草的陽台。「從LDK就能遠望，出入又很方便，感覺和室內是一體的。」藤井太太說道。木箱與木架陳列了橄欖、蕾絲薰衣草、繡球花、鈕釦藤等盆栽。另外還DIY作了柵欄，成為全家人最愛的空間。

1

2

1.懷舊款的街燈，柔和照明與簡潔外觀很速配。2.在二樓的窗邊擺放花箱，將外觀妝點得更美麗。花箱內混合栽種兩種好照顧的英國常春藤。3.從窗邊吧台就可欣賞室外的花箱，在室內一樣享有綠意。靠近前面的盆栽是鐵線蕨。4.藤井太太的工作室猶如巴黎的商店，有著襯托作品的簡約裝潢。

刻畫歲月的物件與植物環繞下的緩慢流動時光

IGA'S HOUSE

充滿故事畫面的陽台擺飾。右邊是馬拉巴栗；左邊是五彩千年木和常春藤。

1.在別人送的托盤裝飾花草，感受贈送者的心意。2.常春藤的莖蔓從盆器沿窗邊伸展，為舊雜貨憑添色彩。3.舊圖鑑的植物畫。「不裱框，找個適合的牆面直接釘上，這種隨意的裝飾方式是我喜歡的。」4.庭院長滿蔓生玫瑰和香草，「由於日照不佳，即使不常澆水也沒關係。」5.猶如法國的小村舍。玄關前是橄欖和多花素馨。

以打造歐風宅受歡迎的Sala's建設公司的設計師伊賀，就住在完全像是歐洲鄉間小屋的房子，木地板、灰泥牆，搭配老件家具與雜貨，和諧交融。

從玄關開始就鋪上陶磚的陽台，擺飾舊雜貨與許多植物，歡迎來客。「因為可以通到庭院，所以就以植物將室內與室外串連起來，成為一體。」

與古道具相遇時，「光是用看的就有豐富感受」，因此伊賀被深深的吸引。居家的主題當然就是「與古道具調性相稱的家」。而植物和經過歲月洗禮的各種物品很合拍，所以也成為不可或缺的擺飾。

最精彩的是，被玫瑰和香草妝點得非常美麗的庭院。如此下去，對古道具和植物的熱情或許會越來越深吧！

PART 4 「BROCANTE」松田行弘

以綠色植物綠化室內的方法

家中如果有植物，就會讓人心情愉快。
整體空間變得輕鬆自在，放眼望去，身體也跟著放鬆，得到療癒。
本單元造訪四間，將綠色植物帶入室內的休閒風住宅，
為大家找出舒適生活的祕密。

松田行弘

於東京自由之丘開設BROCANTE，除販售古道具，也從事庭園規劃與施工。法式庭園造景很受歡迎。著有：《親手打造BROCANTE風格綠意生活》、《親手打造BROCANTE風格庭園造景》（皆為グラフィック社出版）。

brocante-jp.biz

「不要將園藝與綠色居家布置想得太難，樂在其中才是最重要的。」松田說即使家中沒有庭院，還是可以從小處輕鬆著手。「例如感覺介於切花與盆栽之間的水耕栽培，生長期短，不妨先嘗試看看，如果能實際感受箇中樂趣那就太好了。」

除了栽種之樂，如果再加上裝飾的樂趣，植物就更貼近生活了。「可以和雜貨混搭，成為居家擺飾，或是種種蔬菜用在料理上也很不錯。」像這樣自然的將植物融入日常生活，可說是居家園藝&綠化空間的祕訣。

IDEA 1

以籃子垂吊的動態擺飾

將植物像園藝店一樣垂吊陳列，看起來需要很高的技術，實際上卻很簡單。塑膠盆直接放進籃子內，再以麻繩等懸掛起來就完成了。推薦垂吊的是水苔栽種的蘭花，澆水時只需取出塑膠盆，充分浸濕水苔即可，盆底不必有孔或放置盛水盤。搭配鳥籠裝飾品或吊飾，就能打造一個別具氣氛的角落。

氣質出眾，但感覺不好養的蘭花，全年都有、生性強健又好照顧的品種其實不在少數。置於明亮處，5至9月當水苔乾後，澆上充足的水。夏天可不時噴濕，冬天要控制水分。右邊兩株是白花蝴蝶蘭，左邊是鹿角蕨。

brocante-jp.biz

1
2
3
4
5
FRAGILE

IDEA 2

多肉植物＆
舊鐵罐搭配起來
很對味！

耐乾旱的多肉植物魅力在於，不需常澆水、可以像雜貨一樣當成家飾品。在鐵罐底部打洞，蓋子當盛水盤，自製盆器。舊鐵罐生鏽的表情與斑駁感，和多肉植物十分速配，另一個重點是，搭配的家飾風格也要一致。

\ 推薦！ /

Senecio serpens

萬寶

又稱藍粉筆，細長的葉片是粉粉的藍白色。如果光線不足，顏色會變差，環境良好則會開白花。

\ 推薦！ /

Graptoveria harumoe

春萌

葉尖微紅的淺綠色多肉植物。春天會開星型白花。一般而言，多肉植物可以一起栽種，所以也推薦合植。

種在舊鐵罐的多肉植物，搭配復古的木箱與紙盒。多肉植物基本上都可以栽種在室內，日照佳的位置是首選。春天到秋天充分澆水，冬天約兩周澆一次。1.初綠（又名翡翠盤）：一般是有刺的品種，但這個沒刺，可以放心。2.星美人：日照差會有徒長或掉葉的現象。3.白花小松：如果栽種在日照良好的地方，夏天會開星型的花朵。4.愛染錦5.夕映：避免高溫多濕和澆太多水，春天至秋天置於通風良好處。

IDEA 3

多肉植物＆
舊鐵罐搭配起來

作起來就像插花一樣簡單。剪下一段向下垂曳的攀藤觀葉植物插在水中，會從莖部長出根來持續生長。再將插在瓶罐中的攀藤植物以吊籃懸掛，就是生氣盎然的裝飾！

\ 推薦！/

Hedera helix

洋常春藤

也稱常春藤或英國常春藤。有的葉片有白斑，有的葉子比較小等，種類眾多。耐陰又抗寒，生性強健，新手也容易栽種。

Parthenocissus sugarvine

甜蜜蔓地錦

有著花朵般的可愛葉片與柔軟莖蔓，是人氣品種。可置於較陰蔽處，但如果光線太暗會有徒長現象，還是儘量栽種在明亮處比較好。

Hardenbergia vidacea

紫哈登柏豆

攀藤植物中相對比較簡潔的一種。雖是常綠，但過冷容易掉葉，冬天移至陽光可照到的屋簷下，可以長得很好。

Jasminum polyanthum

多花素馨

生命力很強，不易長蟲，好照護。即使置於日照不良處還是會開少量的花。葉片小，適合喜歡柔和氛圍的人。

IDEA 4

攀附於牆壁的
陽台花園

可在陽台或玄關附近短時間內打造美麗景致的，就是莖蔓不斷伸展的植物，如果又是會開花的品種，就更繽紛熱鬧了。建議挑選即使經過修剪莖蔓，仍會開花的品種。

使用一個稍大的盆器和用來攀附的建築用鋼絲，小小的空間就能生長。鐵線蓮「卡西斯」（Clematis florida thunb cassis）：冬天將枝條修剪至底部約30cm是栽種的重點。花色會隨養分狀態變化。

使用流行的編繩懸掛植物，色彩鮮麗，令人印象深刻。編繩自己就能簡單製作。芒毛苣苔：半日照也能生長。若根部濃密，初春會開出模樣奇特的紅花。

IDEA 5

水耕栽培的
廚房小花園
可愛又美味

在廚房四周擺放讓料理變得更可口的綠色植物與香草。建議選用水耕栽培用剩的蔬菜，像是少量就能為菜餚提味的西洋菜和芫荽等。只要在玻璃杯等放入水耕專用土（指固定植物用的陶粒或珍珠石等）及防根腐爛劑即可栽種。

水耕栽培的蔬菜觀賞期短，可搭配一些特別喜歡水的觀葉植物與香草等，讓廚房小花園更有生氣。1.螺旋燈心草：半日照也可生長，動感十足。2.火蔥：適合水耕的球根。栽種後約10天可長至30cm左右。3.芫荽：選擇帶根的，僅留下一至兩片葉子後插入專用土中，會從帶葉的根冒出芽來。4.西洋菜：超市販售的西洋菜，留下底部約兩片葉子後插入專用土中，會從帶葉的根冒出芽來。5.櫻桃蘿蔔：根莖類只需從頭部帶點莖的部分切下泡水，不久就會長出根來。6.豌豆：一般是使用豌豆嫩芽，以種子也能簡單栽種。

Mentha suaveolens

蘋果薄荷

帶著清新的蘋果香。薄荷類都很容易養，另外推薦半日照也OK的胡椒薄荷與性喜潮濕的水薄荷。

Chondropetalum tectorum

空心蘆葦

原產於南非，可用於製作日本茅草屋的屋頂。獨特的細長外觀，可作為空間的亮點裝飾。適合栽種在日照良好處。

IDEA 6

彩色盆器與季節花卉的搭配樂趣

盆器一般常會挑選簡單的基本款，如果能配合花朵顏色挑選不同色彩的塑膠盆器，在陳列上會更有新鮮感。將花與盆器整合成同色系或同色調，瞬間吸引眾人目光。

暖色系、寒色系、春天色、清爽夏日色等，先決定好主題，再加以整合，協調的混搭高矮植物。1.柳穿魚：生命力較強的植物，日照稍差也能存活。2.舖地錦竹草：葉子稍厚，但非多肉植物，屬鴨跖草科。3.藍眼菊：喜陽光，但夏天要避開西曬。4.旱金蓮：性喜陽光，花期長，花和嫩葉可食用。5.花毛茛：秋天種植的球根植物。如果枯掉可挖出乾燥後再重新栽種。6.到手香：是多肉植物中罕見葉子有香味的，也可用於料理上。

Matthiola incana

紫羅蘭

較能抵抗寒冷的半耐寒性一年生草本植物。喜好日照，強健、好照護的品種。如上圖有多花瓣的八重瓣，也有清楚的一重瓣。

Aquilegia ecalcarata

無距耬斗菜

不耐熱，夏天移至半日照是栽培重點。具宿根性，即使枯萎，根部還是會持續生長，春天萌芽，5至6月開花。

PART 5

EAST&WEST風格園藝店

Green Shop Guide

可提升室內裝飾質感的植物、盆器、工具類等
一應俱全，又注重風格的園藝店。
本篇介紹關東及關西地區的話題&人氣店鋪。

EAST

BURIKI NO ZYORO

東京都目黒区自由が丘 3-6-15
03-3724-1187
10:00至19:00（全年無休）
http://buriki.jp

時尚美麗的室內植物園藝店先驅。店內具質感的陳列法國古道具、生活雜貨及各式各樣的植物，成為室內設計的範本。受歡迎的多肉植物玻璃盆栽（上圖左）也很豐富。店主勝地末子著有多本園藝書，整間店散發出她特有的品味。

AYANAS

店內許多植物是與盆器成組販售。有不少展現個性的品種，也會針對愛好的居家風格建議適合的植物，是很值得信賴的店家。

東京都狛江市東野川3-17-2
狛江ハイタウン2号棟111号室
03-5761-5512
13:00至19:00（周日公休）
www.ayanas.jp

BUZZ

溫室般的店內陳列琳瑯滿目的植物，例如大型植物、珍奇品種及各式各樣的盆器，擁有不少男性粉絲。

東京都渋谷区恵比寿3-41-9
恵比寿台ハイツ1F
03-3444-7901
11:00至19:00（周二公休）
www.buzz-style.com

BOTANY

位於東京世田谷DULTON家具雜貨直營店的二樓。仙人掌的種類豐富，可就栽種和裝飾的方式提供實用建議。

東京世田谷区深沢4-8-13 2F
03-5758-7566
11:00至20:00（不定期休）
www.pancow.com

LE VÉSUVE

與花藝師高橋郁共同經營的店鋪。以季節性切花為主，店內陳設也成為室內裝飾的參考。

東京都港区南青山7-9-3
03-5469-5483
11:00至18:00（周二公休）
www.levesuve.com

EAST

BIOTOP NURSERIES

都會園藝家齊藤太一領軍的SOLSO所開設的居家生活與園藝店。販售豐富的風格盆器與園藝用品。

東京都港 白金台4-6-44
Adam et Ropé Biotop 1F
03-3444-2894
11:00至20:00（不定期公休）
www.biotop.jp

IDÉE BOTANIQUE

日本居家生活品牌IDÉE旗下的園藝店，有各種容易與居家布置搭配的植物，也提供搭配建議。

東京都目黑区自由が丘2-16-29
イデーショップ自由が丘店1F
03-5701-7555
11:30至20:00（周、六日和例假日11:00至；全年無休）
www.idee.co.jp

NEO GREEN

店主將觀葉植物和盆栽種植在親自從古董市場找到的和式盆器內販售。園藝書也很豐富。

東京都渋谷区神山町1－5
グリーンヒルズ神山1F
03-3467-0788
12:00至20:00（全年無休）
www.neogreen.co.jp

.MOSS

老家經營的盆器店，有許多獨具「休閒&時尚感」的盆器。苔蘚植物和香草合植的盆栽也很受歡迎。

東京都杉並区西荻北3-4-1
日向マンション103
03-3395-8717
11:00至20: 30（周二公休）
dotmoss.com

GREEN GALLERY GARDENS

大型店鋪，園區內有市場、雜貨鋪及旅館。除了植物及種苗，園藝用品、美麗盆器及古雜貨也是種類眾多。

東京都八王子市松木15－3
042-676-7115
11:00至20: 00（全年無休）
www.gg-gardens.com

GREEN GUERRILLA DEPOT

為綠化造景公司經營的店鋪，有許多造型酷帥的植物及珍貴品種。

兵庫県神戸市中央区栄町通6-1-14
078-381-5907
11:00至18:00（周日至11:00至17:00；周三公休）
greenguerrilla.jp

WEST

PLANTS PLANTS + PLUS FLOWERS

散發玻璃屋氛圍的寬鬆舒適店鋪。從常見植物到珍稀品種，種類齊全。旁邊還附設咖啡館。

兵庫県西宮市神園町1-18
ポケットパーク1F
0798-73-1236.
10:00至18:00（全年無休）
www.plants2.com

風雅舎

在附設展示庭園的廣大園區內，有苗木、盆器、山野草、自家溫室栽培的稀有品種及最新品種等，連達人也稱讚的用品一應俱全。

兵庫県三木市志染町御坂1276
0794-87-2125
10:00至17:00（全年無休）
fugasha.com

ROOTS

店內陳列許多的多肉植物與珍稀品種。主要都是挑選符合栽種樂趣的好養植物，是新手也能開心選購的店鋪。

大阪府箕面市船場東3-3-13
アルス千里中央101
072-726-7188
11:00至19:00（周三和第一、二周的周二公休）
ameblo.jp/plantsliferoots

FLOWER SHOP LOBELIA

「如果是組合盆栽就選這家！」是這種程度的人氣園藝店。提供顧客選好苗後當場組合的服務，員工陣容很堅強。

大阪府堺市南区和田42
072-293-8985
10:00至18:00（1、2月營業至17:00；周二公休；4至6月、10至12月無公休）
blog.livedoor.jp/fslobelia

JUNK-STYLE BEEDAMA

露天商店，如店名Junk Style，種植於古舊斑駁盆器的多肉植物等組合盆栽一盆挨著一盆。可自備盆器。

大阪府吹田市寿町1-4-8
06-6383-9599
10:00至黃昏時分（周三公休）
※雨天及有活動時也會休息，需事先電話確認。
www.beedama.com

樹々丸

由京都的古厝改建，附設咖啡館。從山野草、苔蘚植物，還有栽種在信樂燒盆器的多肉植物等。移植或售後服務都很周到。

京都府京都市上京区今出川通
小川東入上ル北兼康町301－1
075-432-8607
11:30至19:00（周日、節日至18:00；周一公休、周日不定期休）
Jujumaru.com

WEST

ふくわか洞 盆栽店

販售店主燒製的盆器及山野草的盆栽，也可挑選喜歡的山野草栽種於盆栽內。壁掛型盆栽也很受歡迎。

京都府京都市上京区北町570-1
090-1961-570-1
10:00至18:00
僅周五至周日及節日營業
fukuwakado.web.fc2.com

谷川花店

白色和綠色的切花、觀葉植物、多肉植物、空氣鳳梨、山野草的組合……店內提供了讓室內裝飾更出色的多樣選擇。

京都市上京区今出川通り
七本松西入ル東今小路町773
075-464-5415
10:00至20:00（周二公休）
tanigawa-hana.petit.cc

SOWGEN FLORIST ET BROCANTE

店主小泉攝將自身喜愛的物品大集合的園藝店。北歐古道具與多肉植物、切花等愉悅地陳列於店內。

京都府京都市左京区北白川上終町10-2
075-724-4045
12:00至19:00（不定期休）
www.sowgen.com

VERT DE GRIS

由舊的水泵房改裝的植物與花店，附設咖啡館。販售時尚自然的切花、多肉植物或合植等，種類豐富。

京都府木津市市坂高座12-10
0774-71-3505
11:00至18:00（周四和第二、四周的周三休息）
vertdegris.jp

ARAHEAM

由老家是園藝業的三兄弟經營，以植物為主體的生活道具店。木材倉庫改建的店內，陳列著許多有質感的植物與生活用品。

鹿兒島縣鹿屋市札元1-24-7
0994-45-5564
11:00至19:00（周二公休）
araheam.com

本書登場的室內植物

INTERIOR GREEN GUIDE

也稱常春藤或英國常春藤。有的葉片有白斑，有的葉子比較小等，種類眾多。耐陰又抗寒，生性強健，新手也容易栽種。

說明：松田行弘（BROCANTE）

鹿角蕨

【常綠多年草】

葉面被有茸毛，葉片狀似蝙蝠的翅膀。大多是是垂吊或附著於蛇木板，就像立體裝飾。

- 日照：全日照至半日照
- 放置場所：具耐陰性，夏天避開太強的陽光，置於明亮處
- 澆水：生長期噴上充分的水；冬天稍乾可。
- 施肥：僅夏天的生長期施以液態肥料
- 大小：小至中
- 好種度：○

→這裡有
WATANABE'S HOUSE（P.26-2）
UENO'S HOUSE（P.53-1）

肯氏蒲桃

【常綠喬木】

日文名稱amazon olive中雖有olive（橄欖）一字，但其實是桉樹一族。耐陰，枝條與葉片的分布平均。乾燥、通風不良容易長二斑葉蟎，可在葉片噴水。

- 日照：全日照至半日照
- 放置場所：通風良好的明亮處
- 澆水：土乾再充分澆水
- 施肥：春天至秋天的生長期施以液態肥料
- 大小：中至大
- 好種度：○

→這裡有
WATANABE'S HOUSE（P.26-3）
YAMASHITA'S HOUSE（P.64-4）

孟加拉榕

【常綠喬木】

桉樹一族，容易照護。白色的樹幹、脈紋清楚的大片葉子，綠白對照，美麗又洗練。

- 日照：全日照至半日照
- 放置場所：通風良好的明亮處
- 澆水：土乾再充分澆水
- 施肥：春天至秋天的生長期施以液態肥料
- 大小：中至大
- 好種度：○

→這裡有
TAKIZAWA'S HOUSE（P.21-5）
YAMAUCHI'S HOUSE（P.54）
YAMASHITA'S HOUSE（P.65）

觀音蓮

【常綠多年草】

十分耐寒的多肉植物，放至室外也能過冬。雖然強健，但澆太多水，在高溫多濕下會枯掉，需多注意。

- 日照：全日照
- 放置場所：避開夏天炙熱的陽光，儘量置於明亮處
- 澆水：保持適度乾燥，全乾再充分澆水；冬天要控制澆水量
- 施肥：春天至秋天的生長期施以液態肥料
- 大小：小
- 好種度：○

→這裡有
UMEMURA'S HOUSE（P.47-3）

密枝鵝掌柴

【常綠喬木】

密枝鵝掌柴屬植物中葉小、枝條柔軟的一種。簡單好種，耐寒，也和其他鵝掌柴植物一樣十分耐陰，且不易長蟲。

- 日照：半日照
- 放置場所：最好是明亮處，但有點暗也OK
- 澆水：土乾再充分澆水
- 施肥：春天至秋天的生長期施以液態肥料
- 大小：小至中
- 好種度：◎

→這裡有
WATANABE'S HOUSE（P.25）

武竹

【常綠多年草】

有著放射狀細小葉子的莖枝，橫向展開呈下垂狀。很耐旱，也具耐陰性，值得推薦。如果生長環境良好會開白花後結果。

● 日照：日照至半日照
● 放置場所：最好是明亮處，相對稍暗也OK
● 澆水：土乾再充分澆水
● 施肥：春天到夏天的生長期施以液態肥料
● 大小：小
● 好種度：◎

→這裡有
FUNAI'S HOUSE（P.67-3、5）

洋合歡

【常綠喬木】

細小葉片與柔軟枝條的涼爽感，成為人氣品種。豆科植物，到了晚上葉子會閉起來。少生蟲、少生病，容易照護。

● 日照：日照至半日照
● 放置場所：通風良好的明亮處
● 澆水：土未全乾前澆水
● 施肥：春天至秋天的生長期施以液態肥料
● 大小：中至大
● 好種度：◎

→這裡有
YAMAUCHI'S HOUSE（P.55-1）
HONMAN & TAKAHASHI'S HOUSE（P.70-2, P.71）

百萬心

【常綠多年草】

眼樹蓮一般都很耐旱，是堅韌的附生植物（可攀附於樹木或岩石上）。莖蔓會四處伸展，擺在架上或垂吊都很可愛。

● 日照：半日照
● 放置場所：通風良好的半日照處
● 澆水：保持適度乾燥，不時噴點水
● 施肥：春天到夏天的生長期施以液態肥料
● 大小：小
● 好種度：◎

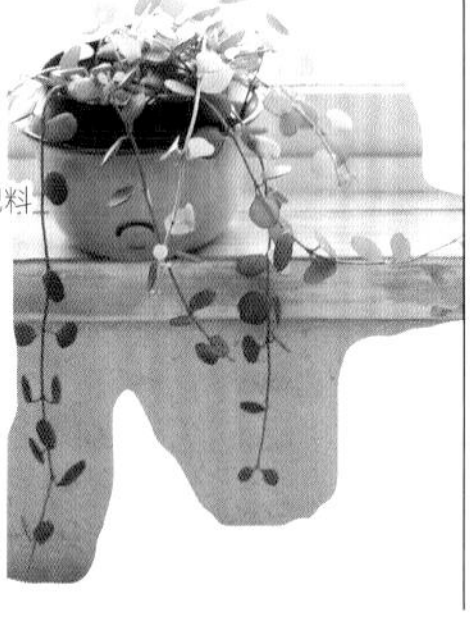

→這裡有
NAITO'S HOUSE（P.74-1）

圓葉椒草

【常綠多年草】

葉片肉厚、有光澤，為椒草的一種。椒草整體來說堅韌又好照護，且耐旱耐陰。春天至夏天扦插栽培也簡單。

● 日照：半日照至陰暗
● 放置場所：置於陰暗處恐會徒長，最好是半日照
● 澆水：保持適度乾燥，乾後再充分澆水
● 施肥：僅夏天生長期施以液態肥料
● 大小：小至中
● 好種度：◎

→這裡有
YAMAUCHI'S HOUSE（P.55-2）

到手香

【常綠多年草】

如薄荷葉般香氣清新的多肉植物。葉子可入菜，扦插栽培也簡單。稍不耐寒，適合置於日照良好處。

● 日照：全日照
● 場所：日照良好處
● 澆水：保持適度乾燥，乾後再充分澆水；冬天保持乾燥
● 施肥：於夏天的生長期施以液態肥料
● 大小：小
● 好種度：○

→這裡有
NAITO'S HOUSE（P.75）

馬拉巴栗

【常綠喬木】

十分強健、好照護，為經典款觀葉植物。與以前相比，現在的造型技法豐富，樹姿優雅的越來越多。

● 日照：半日照
● 放置場所：最好是明亮處，相對稍暗也還OK
● 澆水：土乾再充分澆水
● 施肥：春天到夏天的生長期施以液態肥料
● 大小：中至大
● 好種度：◎

→這裡有
MATSUE'S HOUSE（P.61-4）

| 自然綠生活 | 18

Living with Green・以綠意相伴的生活提案
把綠色植物融入日常過愜意生活

作　　者／主婦之友社
譯　　者／瞿中蓮
發 行 人／詹慶和
總 編 輯／蔡麗玲
執行編輯／劉蕙寧
特約編輯／莊雅雯
編　　輯／蔡毓玲．黃璟安．陳姿伶．白宜平．李佳穎
執行美編／周盈汝
美術編輯／陳麗娜．韓欣恬
內頁排版／周盈汝
出 版 者／噴泉文化館
發 行 者／悅智文化事業有限公司
郵政劃撥帳號／ 19452608
戶　　名／悅智文化事業有限公司
地　　址／新北市板橋區板新路 206 號 3 樓
電子信箱／ elegant.books@msa.hinet.net
電　　話／ (02)8952-4078
傳　　真／ (02)8952-4084

2017 年 10 月初版一刷　定價 380 元

經銷／高見文化行銷股份有限公司
地址／新北市樹林區佳園路二段 70-1 號
電話／ 0800-055-365　傳真／（02）2668-6220

Staff

設計／藤田康平（Barber）
攝影／宇壽山貴久子・岡森大輔・片山久子・境野隆祐・迫田真実
佐々木幹夫・澤﨑信孝・大坊 崇・滝浦哲夫・千葉 充・永田智恵
松井ヒロシ・福尾行洋・宮濱祐美子・山口幸一
主婦の友社写真課（黒澤俊宏・佐山裕子・柴田和宣・松木 潤）
DTP／アズワン
文字／小沢理恵子
植物審定／松田行弘（BROCANTE）
校對／荒川照実
責任編輯／松井元香（主婦の友社）

國家圖書館出版品預行編目 (CIP) 資料

Living with Green・以綠意相伴的生活提案---把綠色植物融入日常過愜意生活/主婦之友社授權；瞿中蓮譯.
-- 初版 . -- 新北市 : 噴泉文化館出版 , 2017.10
面；　公分 . -- (自然綠生活 ; 18)
ISBN978-986-95290-4-4 (平裝)

1. 園藝學

435.11　　106018125

LIVING WITH WATER

漫步四季之彩的花草綠庭

花木植栽×景觀設計×雜貨布置，打造獨一無二的園藝空間

綠庭美學01
木工&造景・綠意的庭園DIY
授權：BOUTIQUE-SHA
定價：380元
21×26公分・128頁・彩色

綠庭美學02
自然風庭園設計BOOK
設計人必讀！
花木×雜貨演繹空間氛圍
授權：MUSASHI BOOKS
定價：450元
21×26公分・120頁・彩色

綠庭美學03
我的第一本花草園藝書
作者：黑田健太郎
定價：450元
21×26 cm・136頁・彩色

綠庭美學04
雜貨×植物の綠意角落設計BOOK
授權：MUSASHI BOOKS
定價：450元
21×26 cm・120頁・彩色

花草集01
最愛的花草日常
有花有草就幸福的365日
作者：增田由希子
定價：240元
14.8×14.8公分・104頁・彩色

以青翠迷人的綠意
妝點悠然居家

自然綠生活01
從陽台到餐桌の迷你菜園
授權：BOUTIQUE-SHA
定價：300元
23×26公分・104頁・彩色

自然綠生活02
懶人最愛的
多肉植物&仙人掌
作者：松山美紗
定價：320元
21×26cm・96頁・彩色

自然綠生活03
Deco Room with Plants
人氣園藝師打造の綠意&
野趣交織の創意生活空間
作者：川本諭
定價：450元
19×24cm・112頁・彩色

自然綠生活 04
配色×盆器×多肉屬性
園藝職人の多肉植物組盆筆記
作者：黑田健太郎
定價：480元
19×26cm・160頁・彩色

自然綠生活 05
雜貨×花與綠的自然家生活
香草・多肉・草花・觀葉植
物的室內&庭園搭配布置訣竅
作者：成美堂出版編輯部
定價：450元
21×26cm・128頁・彩色

自然綠生活 06
陽台菜園聖經
有機栽培81種蔬果，
在家當個快樂の盆栽小農！
作者：木村正典
定價：480元
21×26cm・224頁・彩色

自然綠生活07
紐約森呼吸・
愛上綠意圍繞の創意空間
作者：川本諭
定價：450元
19×24公分・114頁・彩色

自然綠生活08
小陽台の果菜園&香草園
從種子到餐桌，食在好安心！
作者：藤田智
定價：380元
21×26公分・104頁・彩色

自然綠生活 09
懶人植物新寵
空氣鳳梨栽培圖鑑
作者：藤川史雄
定價：380元
17.4×21公分・128頁・彩色

自然綠生活 10
迷你水草造景×生態瓶の
入門實例書
作者：田畑哲生
定價：320元
21×26公分・80頁・彩色

自然綠生活11
可愛無極限・
桌上型多肉迷你花園
作者：Inter Plants Net
定價：380元
18×24公分・96頁・彩色

自然綠生活12
sol×sol的懶人花園・與多肉
植物一起共度的好時光
作者：松山美紗
定價：380元
21×26 cm・96頁・彩色

自然綠生活13
黑田園藝植栽密技大公開：
一盆就好可愛的多肉組盆
NOTE
作者：黑田健太郎，栄福綾子
定價：480元
19×26 cm・104頁・彩色

自然綠生活14
多肉×仙人掌迷你造景花園
作者：松山美紗
定價：380元
21×26 cm・104頁・彩色

LIVING
WITH
GREEN